Louis DUPARC et Marguerite-N. TIKONOWITCH

LE PLATINE et les GITES PLATINIFÈRES

DE

L'OURAL ET DU MONDE

ATLAS

CONTENANT :

I. Carte générale des gîtes platinifères de l'Oural.
II. Carte géologique du centre platinifère de l'Omoutnaya.
III. Carte géologique du centre platinifère de Nijni-Taguil (Oural).
IV. Carte géologique des centres platinifères de l'Iss et des Kaménouchky (Oural).
V. Carte géologique des centres platinifères du Koswinsky et du Kanjakowsky Kamen (Oural).

Planche A. Stanok servant au lavage des alluvions par les staratélis.
  » B. Coupe et plan d'un Amerikanka.
  » C. Lavoir mécanique à Baronka de la laverie Elisabeth.
  » D. Lavoir à Boutara avec élévateur fonctionnant à Katchkanarsky-Priisk sur l'Iss.
  » E. Disposition générale de la Tschachka, de la vis d'Archimède et des machines, au lavoir de Pétropawlowsky sur l'Iss (propriété Schouwaloff).
  » F. Divers types de lavoirs combinés utilisés sur l'Iss.
  » G. Lavoir mécanique composé de deux Boutaras et d'une Boronka de Bogoïawliensky (Iss).
  » H. Elévation de la drague Marion de 7 $\frac{1}{2}$ pieds cubes.

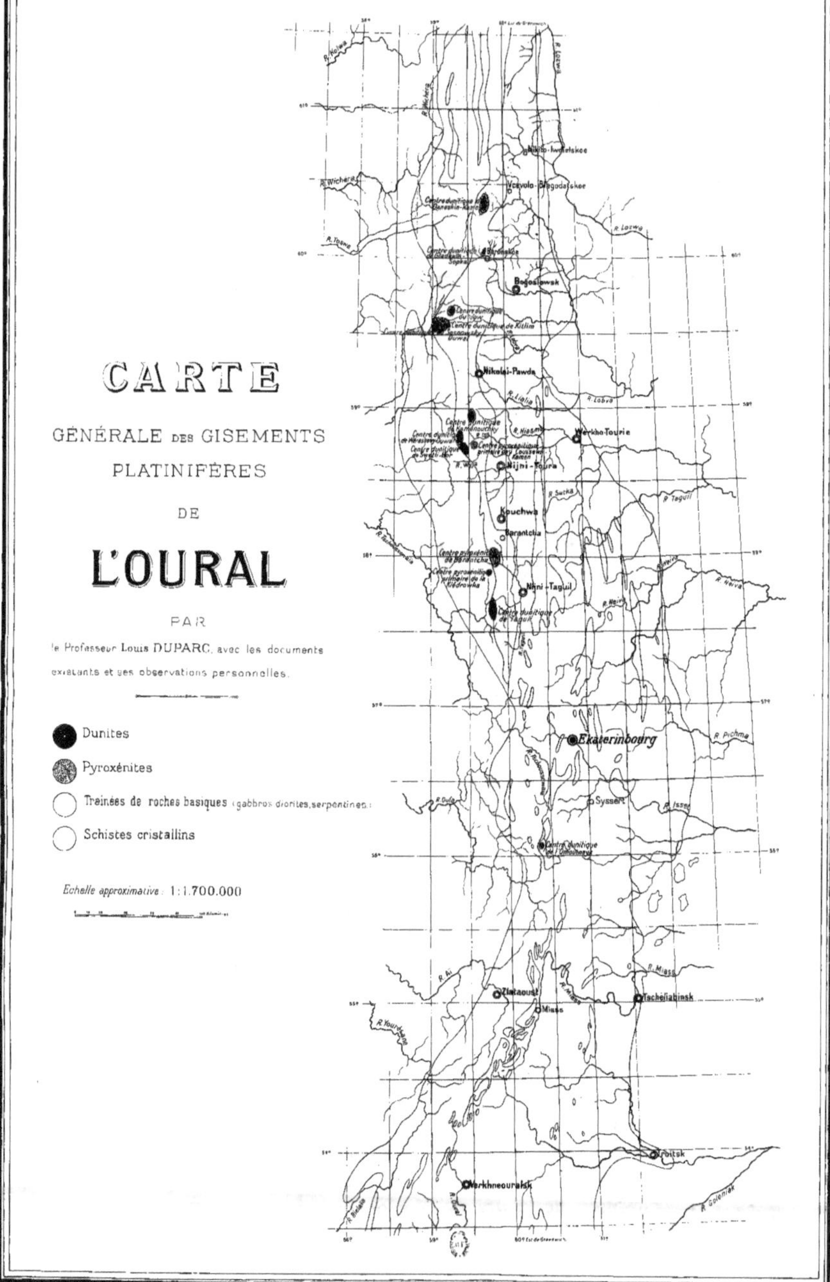
CARTE
GÉNÉRALE DES GISEMENTS
PLATINIFÈRES
DE
L'OURAL
PAR
le Professeur Louis DUPARC, avec les documents
existants et ses observations personnelles.
Dunites
Pyroxénites
Traînées de roches basiques (gabbros diorites, serpentines)
Schistes cristallins
Echelle approximative : 1:1.700.000
Nijnio-Iwdelskoe
Vsevolo-Blagodatskoe
Centre dunitique de Barsnim-Xane
Centre dunitique de Sljudskoe
Bogoslowsk
Centre dunitique du Joiss
Centre dunitique de Kitlim
Nikolaï-Pawda
Werkho-Tourie
Nijni-Toura
Kouchwa
Barantcha
Centre principal de Bardaïcha
Nijni-Taguil
Ekaterinbourg
Syssert
Zlataoust
Tacheliabinsk
Miass
Troïtsk
Verkhneouralsk

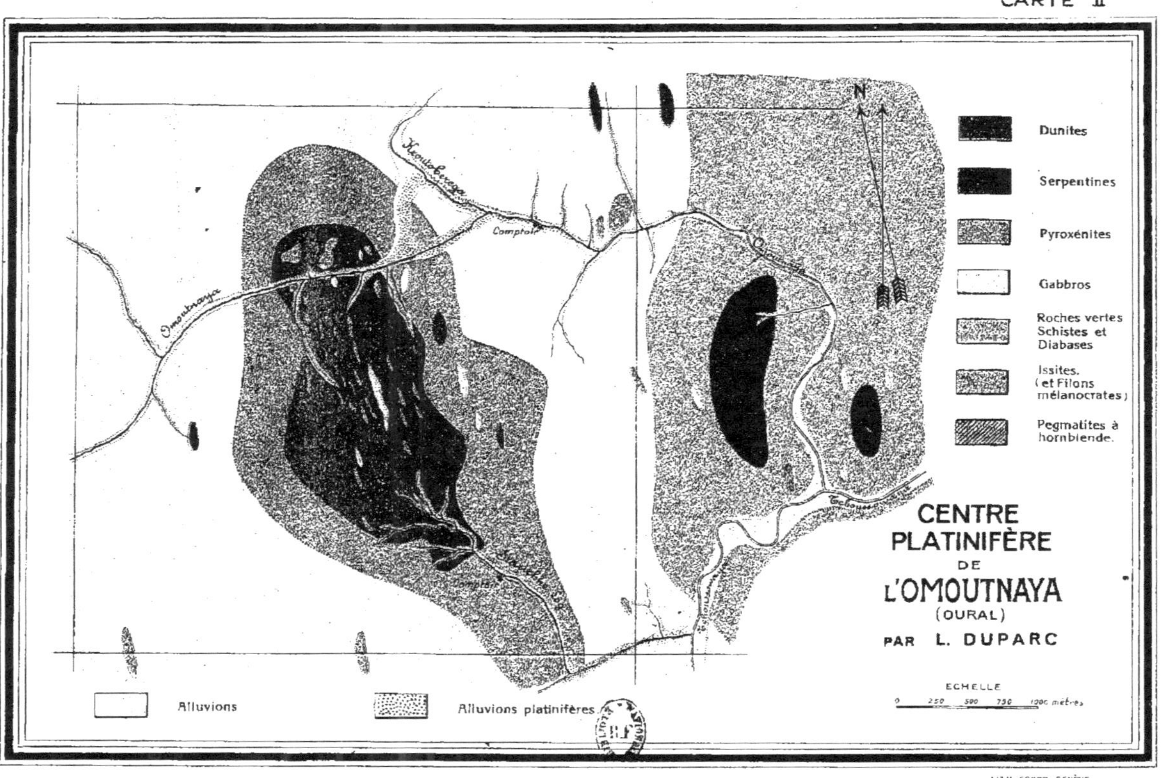

N
Dunites
Serpentines
Pyroxénites
Gabbros
Roches vertes Schistes et Diabases
Issites. (et Filons mélanocrates)
Pegmatites à hornblende.
Alluvions
Alluvions platinifères.
CENTRE PLATINIFÈRE DE L'OMOUTNAYA (OURAL)
PAR L. DUPARC
ECHELLE
0 250 500 750 1200 mètres
Omoutnaya
Kenibolevaya
Comptoir
LITH. SONOR, GENÈVE.

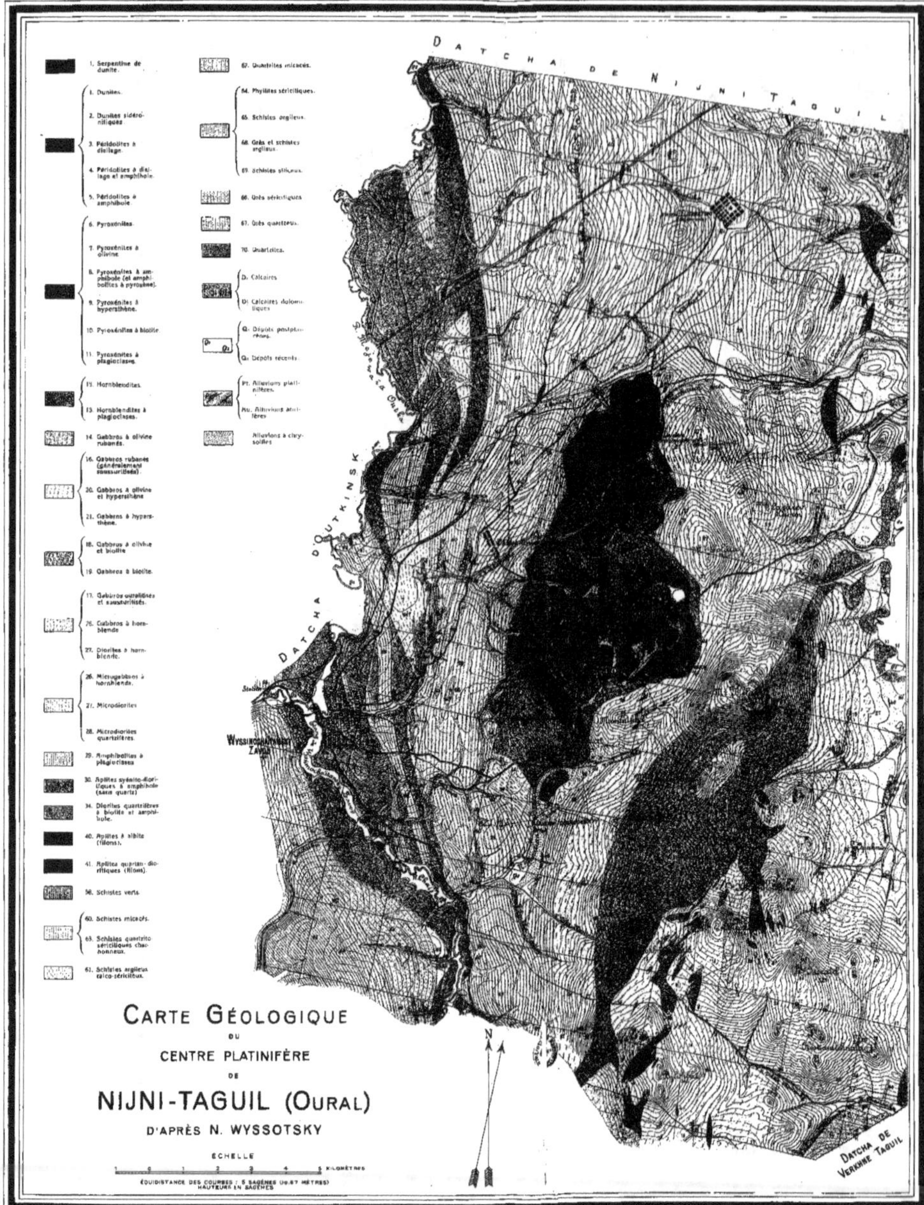

CARTE GÉOLOGIQUE
DU
CENTRE PLATINIFÈRE
DE
NIJNI-TAGUIL (OURAL)
D'APRÈS N. WYSSOTSKY

ECHELLE

1 . 1 . 2 . 3 . 4 . 5 KILOMÈTRES

ÉQUIDISTANCE DES COURBES : 5 SAGÈNES (10.67 MÈTRES)
HAUTEURS EN SAGÈNES

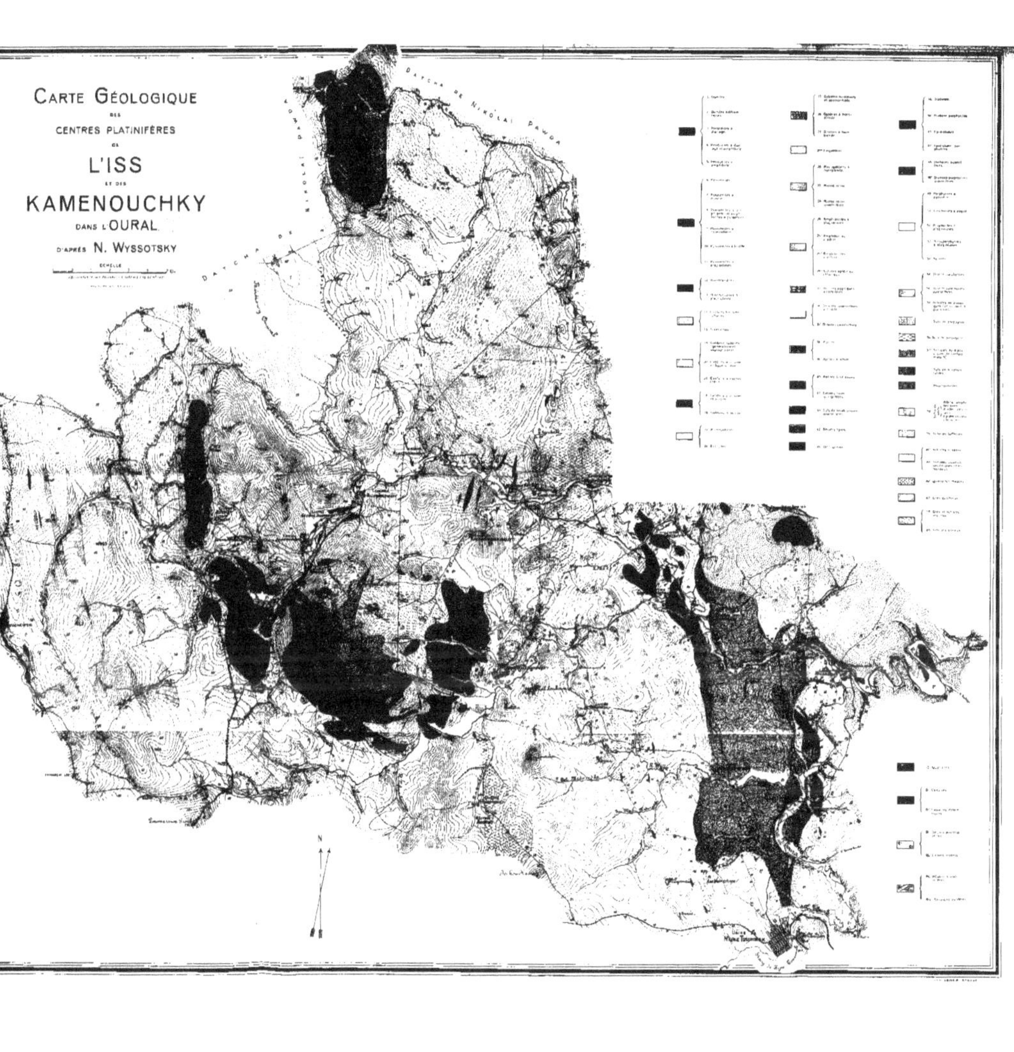

CARTE GÉOLOGIQUE
DES
CENTRES PLATINIFÈRES
DE
L'ISS
ET DES
KAMENOUCHKY
DANS L'OURAL
D'APRÈS N. WYSSOTSKY
ÉCHELLE

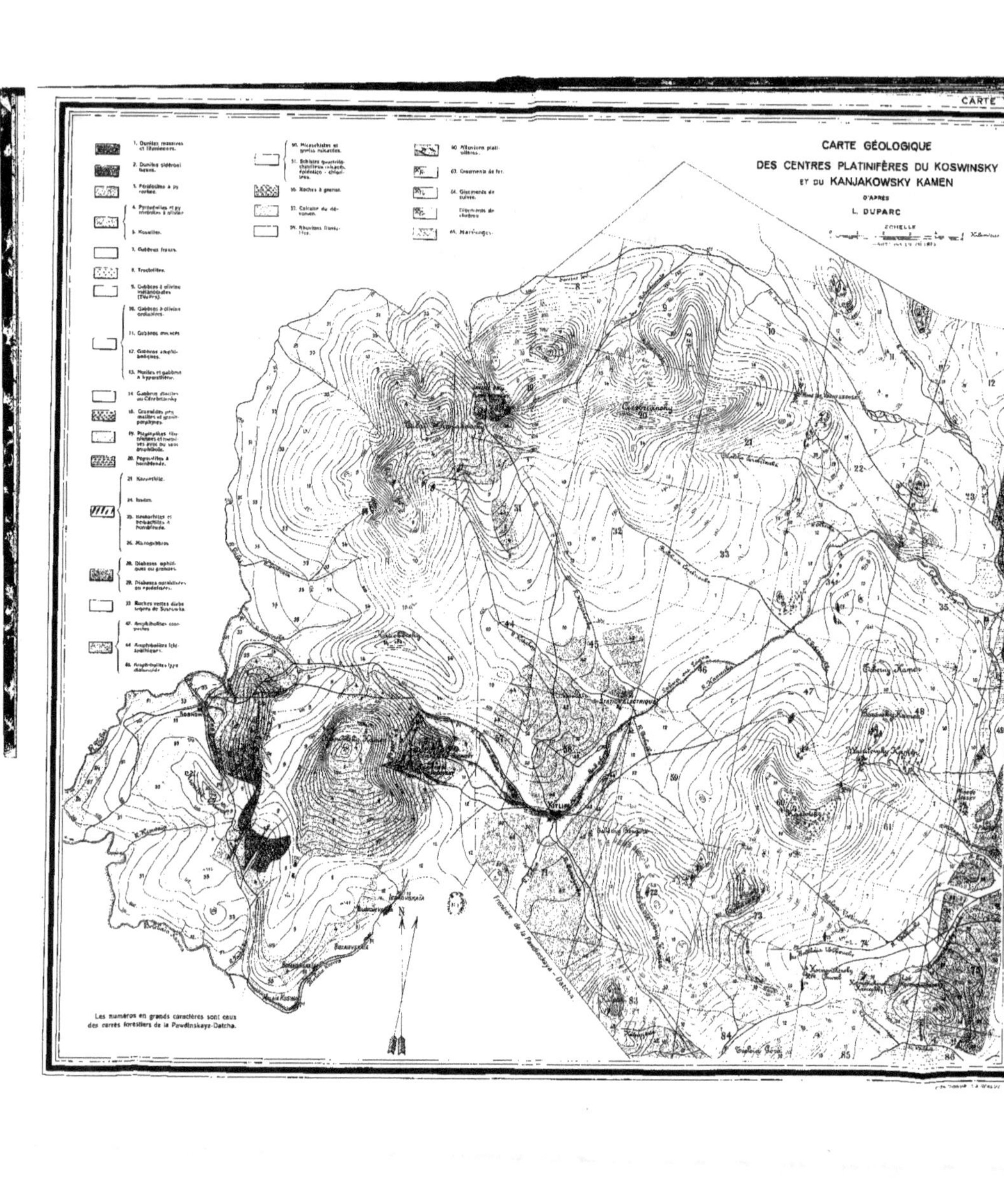

CARTE GÉOLOGIQUE
DES CENTRES PLATINIFÈRES DU KOSWINSKY
ET DU KANJAKOWSKY KAMEN
D'APRÈS
L. DUPARC
ECHELLE
Kilomètres
1. Dunites massives et litamineuses.
2. Dunites sidéroniteuses.
3. Péridotites à pyroxène.
4. Pyroxénites et pyroxénites à olivine.
5. Koswites.
7. Gabbros frais.
8. Troctolites.
9. Gabbros à olivine mélanocrates (Théralite).
10. Gabbros à olivine ordinaires.
11. Gabbros anorthes.
12. Gabbros amphiboliques.
13. Norites et gabbros à hypersthène.
14. Gabbros dioritos ou Cérébriansky.
18. Granulites pegmatites et granitporphyres.
19. Pegmatites filoniennes et normales avec ou sans amphibole.
20. Pegmatites à hornblende.
21. Kazanskite.
24. Issites.
25. Itzabachites et itzabachites à hornblende.
26. Micrograbbros.
28. Diabases ophitiques ou granues.
29. Diabases ouralitisées ou epidotisées.
33. Roches vertes diabasiques de Sussuwia.
47. Amphibolites compactes.
44. Amphibolites leucanthiques.
46. Amphibolites type diabasoïde.
50. Micaschistes et gneiss micacées.
51. Schistes quartzito-chloriteux micacés, épidotiqu-chloriteux.
56. Roches à grenat.
57. Calcaire du dévonien.
58. Alluvions fluviatiles.
60. Alluvions platinifères.
63. Gisements de fer.
64. Gisements de cuivre.
Gisements de chrome
66. Marécages.
Kaménovaïa
Station Electrique
Kitlim

STANOK SERVANT AU LAVAGE DES ALLUVIONS PAR LES STARATÈLIS

Les cotes sont données en millimètres.

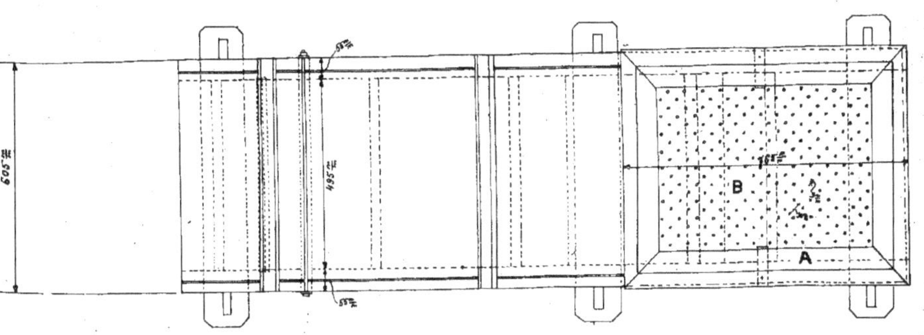

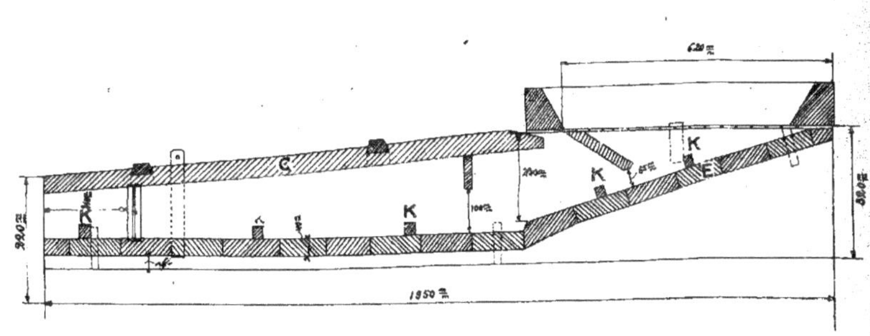

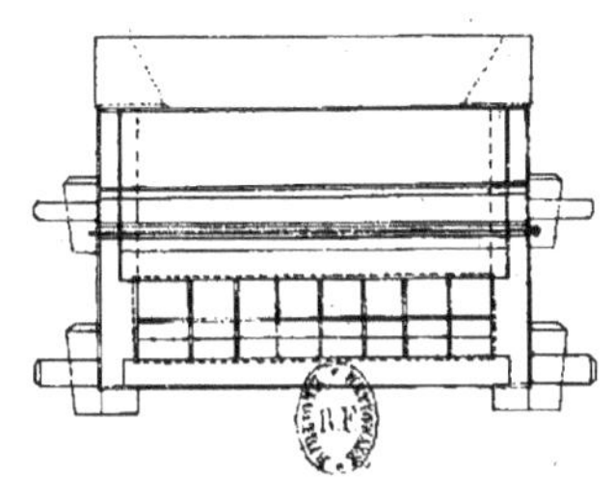

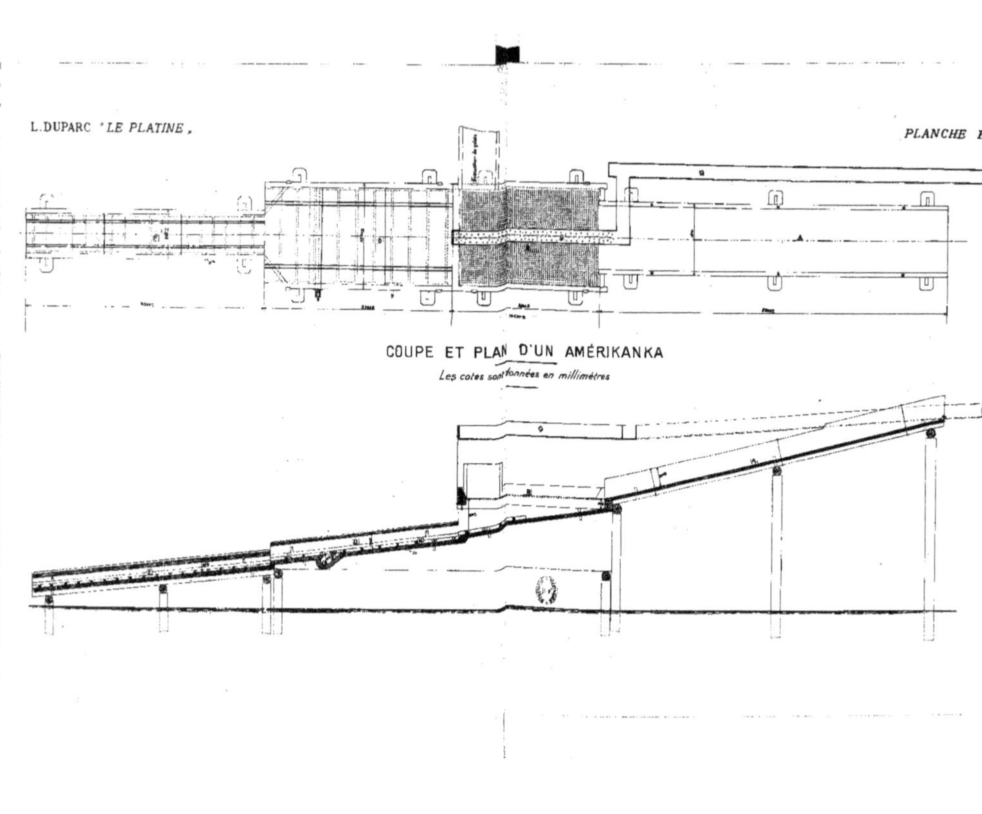
COUPE ET PLAN D'UN AMÉRIKANKA
Les cotes sont données en millimètres

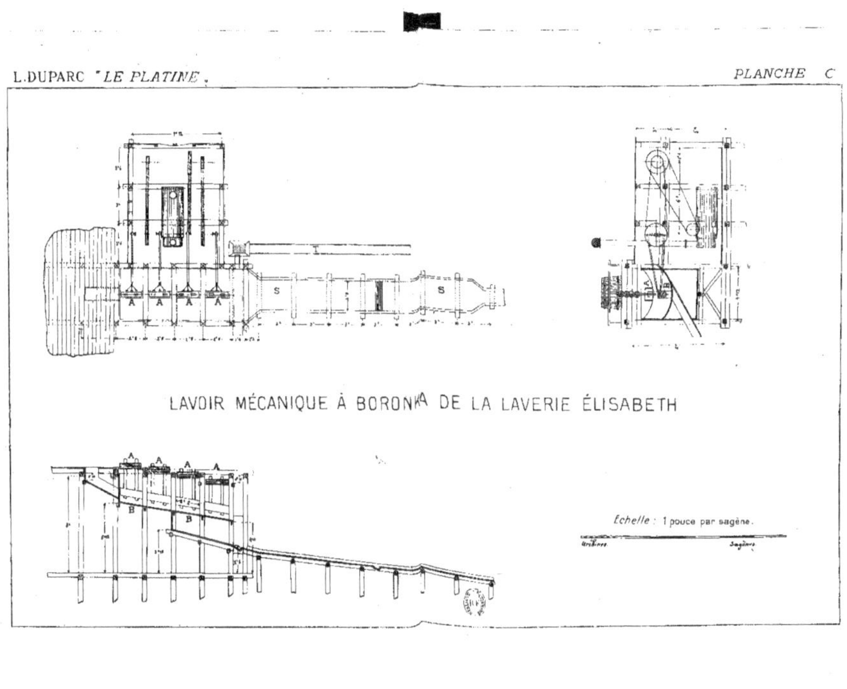

LAVOIR MÉCANIQUE À BORONKA DE LA LAVERIE ÉLISABETH

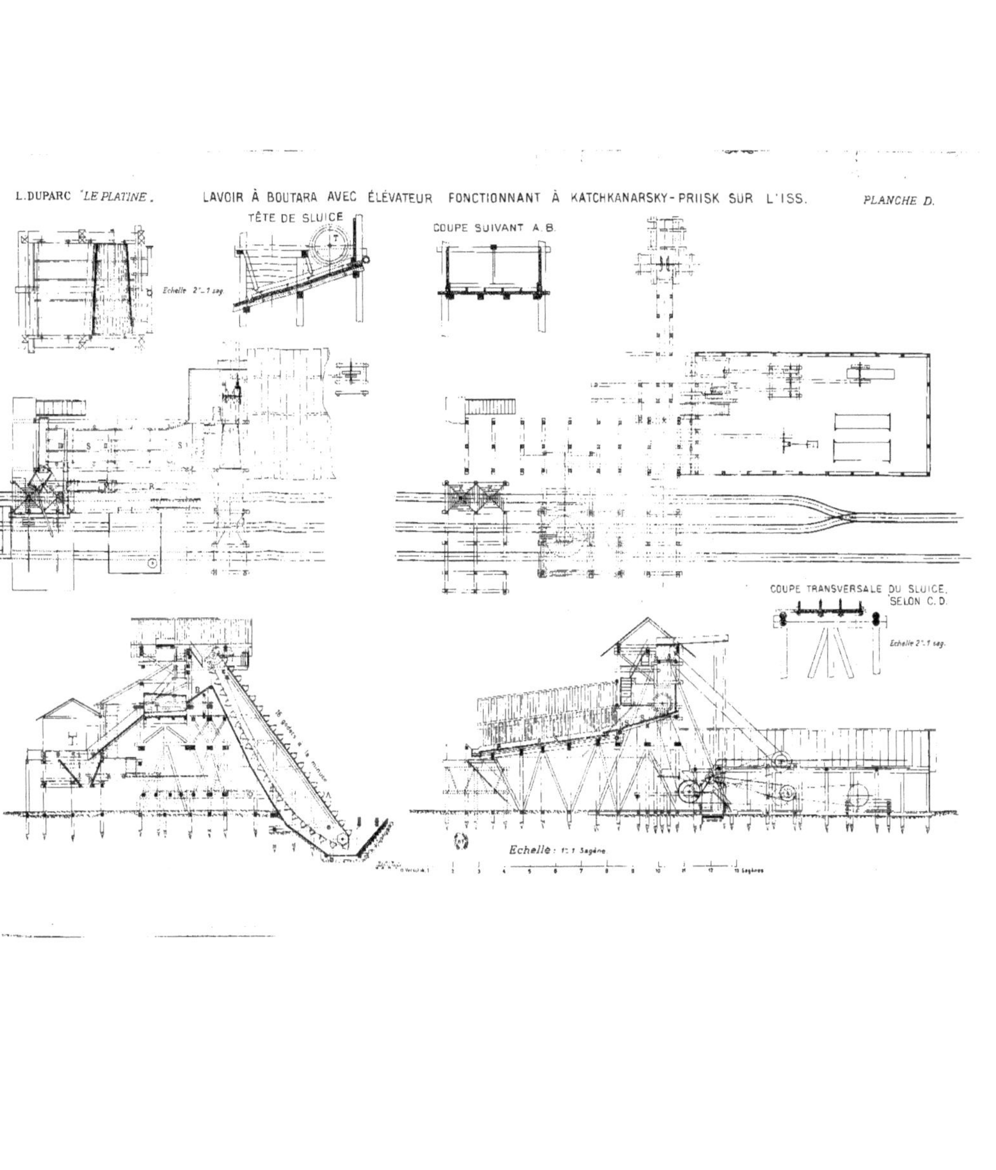
TÊTE DE SLUICE
COUPE SUIVANT A.B.
Echelle 2".1 sag
COUPE TRANSVERSALE DU SLUICE.
SELON C.D.
Echelle 2".1 sag.
Echelle: 1:1 Sagène.

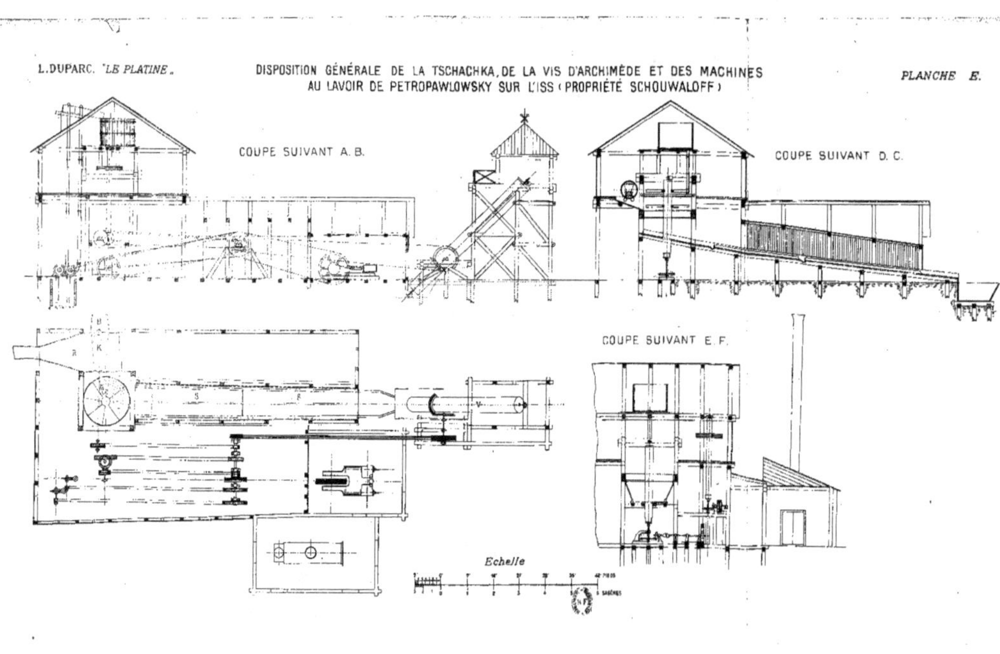

L.DUPARC. "LE PLATINE"
DISPOSITION GÉNÉRALE DE LA TSCHACHKA, DE LA VIS D'ARCHIMÈDE ET DES MACHINES
AU LAVOIR DE PETROPAWLOWSKY SUR L'ISS (PROPRIÉTÉ SCHOUWALOFF)
PLANCHE E.
COUPE SUIVANT A. B.
COUPE SUIVANT D. C.
COUPE SUIVANT E. F.
Echelle

Les dimensions sont données en archines (0,71) et sagènes (2,09).

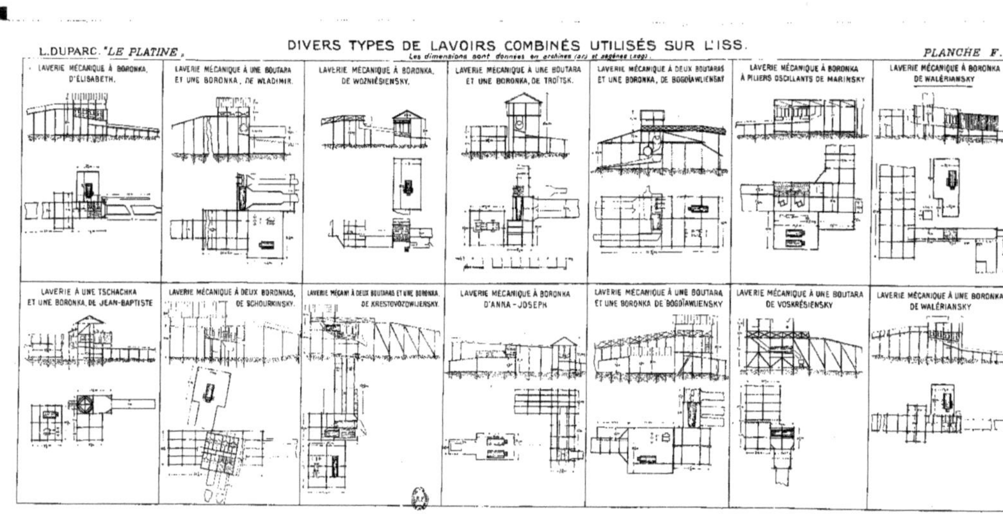

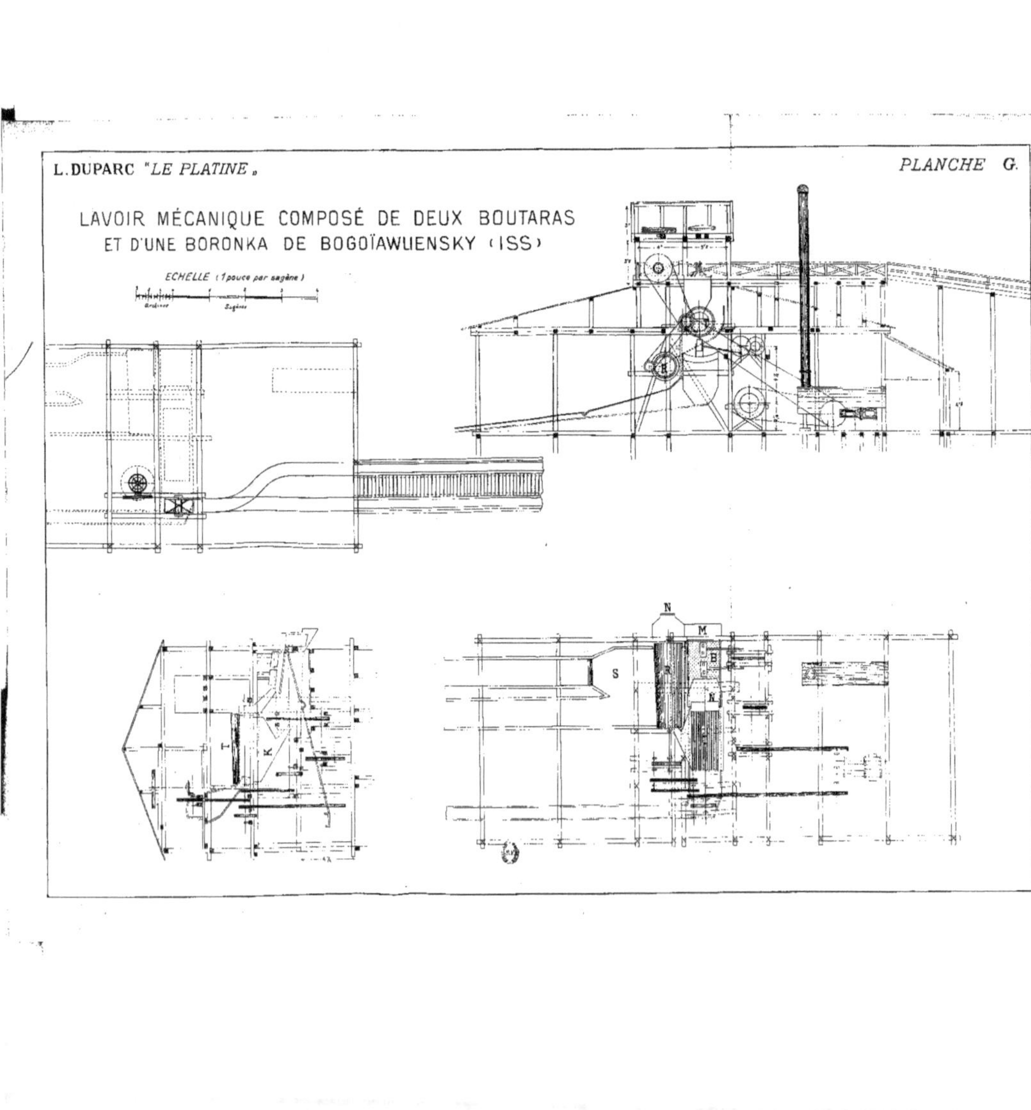
LAVOIR MÉCANIQUE COMPOSÉ DE DEUX BOUTARAS
ET D'UNE BORONKA DE BOGOÏAWLIENSKY (ISS)
ECHELLE (1 pouce par sagène)

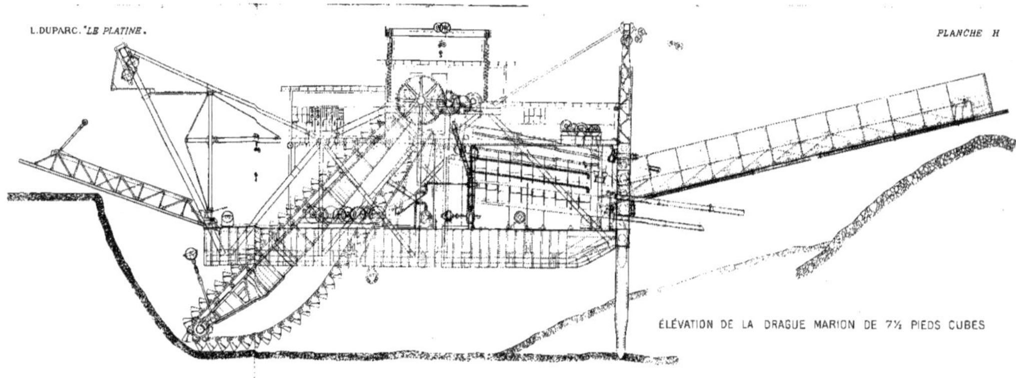

L.DUPARC. LE PLATINE.
PLANCHE H
ÉLÉVATION DE LA DRAGUE MARION DE 7½ PIEDS CUBES